LA BÚSQUEDA DE LA ELIMINACIÓN DE LOS DEFECTOS

ESCRITO POR JOEL LEVITT

ILUSTRADO TATYANA NIKOLSKAYA Y ANTHEA TAN

TRADUCCIÓN AL ESPAÑOL: JEAN-MARC VARIN

REVISIÓN DEL ESPAÑOL: GLORIA GARBOZA Y KATHY CANTÓN

Biblioteca del Congreso Datos de catalogación en publicación
Levitt, Joel 1952-
Búsqueda de la eliminación de los defectos / por Joel Levitt Ilustrado por Tatyana Nikolskaya, Anthea Ta
ISBN 9-7986-6787-0838
      1. Productividad de fábrica
      2. Gestión de mantenimiento

Búsqueda de la eliminación de los defectos.
2020

Springfield Resources, Havertown, PA 19083, EE. UU.
Por Joel Levitt
Ilustrado por Tatyana Nikolskaya, Anthea Tan
Traducción al español: Jean-Marc Varin
Revisión del español: Gloria Garboza y Kathy Cantón

EL CONSEJO DE ADMINISTRACIÓN DA ÓRDENES ...
LA FIABILIDAD SOPORTA LA MISIÓN, LA VISIÓN Y LOS VALORES DE LA ORGANIZACIÓN.
¡ESTÁ DECIDIDO, NOS CENTRAREMOS EN LA FIABILIDAD. A TRAVÉS DE ELLA LOGRAREMOS NUESTRA MISIÓN DE SER BUENOS GUARDIANES DEL MEDIO AMBIENTE, HACER UN EXCELENTE PRODUCTO Y TENER UN BUEN MARGEN DE GANANCIAS!
Y SEAN TÚ ERES NUESTRO EXPERTO EN PRODUCCIÓN. JENNY, TÚ ERES NUESTRA INGENIERA DE FIABILIDAD

DEFECTO:

TODO LO QUE EROSIONA EL VALOR, REDUCE LA PRODUCCIÓN, COMPROMETE LA SALUD, LA SEGURIDAD, EL MEDIO AMBIENTE O GENERA DESECHOS.

JENNY Y SEAN LLEGAN AL CAMPUS PARA ASISTIR A LA INTRODUCCIÓN DE LA ELIMINACIÓN DE LOS DEFECTOS.

ELIMINACIÓN BÁSICA DE LOS DEFECTOS

SI LA FIABILIDAD ES IMPORTANTE PARA USTEDES, ÉSTA ES LA VERDAD:
USTEDES NO PUEDEN ENCAMINAR JAMÁS SU MANTENIMIENTO PREVENTIVO (MP) HACIA LA FIABILIDAD.
NO PUEDEN PLANIFICAR NI ORDONAR SU CAMINO.
NO PUEDEN NUNCA INVERTIR O COMPRAR SU CAMINO HACIA LA FIABILIDAD
JAMÁS PUEDEN ESCANEAR UTILIZANDO NINGUNA TECNOLOGÍA DE PUNTA PARA LA FIABILIDAD.

NI LA PLATA, EL ORO O EL PLATINO O ALGUNA SOLUCIÓN MILAGROSA LES DARÁ FIABILIDAD.

LO ÚNICO QUE PUEDEN HACER ES REDUCIR LA CANTIDAD DE DEFECTOS Y DESECHOS QUE INGRESAN A SU SISTEMA MÁS RÁPIDO DE LOS QUE ELLOS SON AGREGADOS. ES DECIR, ENFÓQUENSE EN ELIMINAR DEFECTOS Y DESECHOS.

DE ESTA MANERA YA ESTÁN ELIMINANDO DEFECTOS. SUS INSPECCIONES MP, LAS INSPECCIONES DE LOS PERMISOS DE SUS CHOFERES COMERCIALES CDL, LAS PRÁCTICAS BÁSICAS DE MANTENIMIENTO, LOS REGISTROS DE OPERADORES CON SUS REGLAS DE HORARIOS DE TRABAJO, INCLUSO LAS COMPUTADORAS CONECTADAS HACIENDO RECOMENDACIONES PARA EL REEMPLAZO DE PIEZAS, TODO ESO LOS AYUDA A DESHACERSE DE LOS DEFECTOS.

PERO, Y ÉSTO ES UN GRAN PERO, LOS DEFECTOS FLUYEN MÁS RÁPIDO DE LOS QUE ESTÁN TRATANDO DE RESOLVER. ¡EL POOL SE VUELVE MÁS PROFUNDO!
SEGÚN WINSTON LEDET, LOS DEFECTOS VIENEN EN 5 CATEGORÍAS:

DEFECTOS QUE FLUYEN DE SUS MATERIAS PRIMAS.
DEFECTOS DEBIDO A UN MAL USO DEL ACTIVO O POR DESCUIDO.
DEFECTOS DEBIDO AL DESCONOCIMIENTO DE LA EJECUCIÓN DEL MANTENIMIENTO O A NEGLIGENCIA EN EL MISMO.
DEFECTOS DEBIDOS A PIEZAS DE REPUESTO INADECUADAS, DE MALA CALIDAD O DEFECTUOSAS.
DEFECTOS DEBIDO A FALLAS DE DISEÑO O ADQUISICIÓN DE PIEZAS CON INSUFICIENTE CAPACIDAD

ELIMINACIÓN AVANZADA DE LOS DEFECTOS

DESECHOS

EL DESPERDICIO DE LA MANO DE OBRA, LOS SERVICIOS PÚBLICOS, LAS MATERIAS PRIMAS, EL COMBUSTIBLE O DE LAS RUTAS DEFICIENTES, HERRAMIENTAS DEFECTUOSAS, UNA MALA ORDENACIÓN, ETC. ES UN DEFECTO.

LOS DEFECTOS PUEDEN SER VISTOS COMO PROBLEMAS DE SEGURIDAD EN EL TRABAJO.

EL MENSAJE CRÍTICO ES TRATAR CON CADA PEQUEÑO PROBLEMA, INCIDENTE MENOR Y CASI SIN INCIDENTES. USTEDES NO SABEN CUÁLES AYUDARÁN A CAUSAR UN EVENTO SIGNIFICATIVO. SI DESEAS UN TALLER SEGURO, DEBES LIDIAR CON TODOS LOS PROBLEMAS MENORES. ENTONCES, EN CIERTO MODO, NO IMPORTA CON QUIÉN TRATES PRIMERO SI ES UN PROCESO CONTINUO.

¿CÚAL?

LOS DEFECTOS DEBEN SER TRATADOS TAL COMO SI FUESEN PROBLEMAS DE SALUD Y DE SEGURIDAD. NO SABES CUÁLES CONTRIBUIRÁN A UN ACCIDENTE. LA ÚNICA COSA LÓGICA EN ESE CASO ES TRABAJAR UN POCO CADA SEMANA PARA REDUCIR LOS DEFECTOS. SOLO UN PEQUEÑO ESFUERZO ES LO NECESARIO PARA LOGRARLO A LARGO PLAZO. SABER O COMENZAR A ELIMINAR DEFECTOS ES MENOS CRÍTICO QUE HACERLO Y CONTINUAR HACIÉNDOLO CUANDO SE PRODUZCAN.

OBJETIVOS PRINCIPALES

PONGA EL ÉNFASIS EN LA REDUCCIÓN DE LA INCIDENCIA DE MALOS HÁBITOS DE TRABAJO.
CONCÉNTRENSE EN LA ELIMINACIÓN DE LOS DEFECTOS Y LA CORRECCIÓN DE SUS CAUSAS.
MANTENGAN LA META SOBRE LA ELIMINACIÓN DE LA CONTAMINACIÓN. CONCÉNTRENSE SOBRE LA ELIMINACIÓN DE LOS DESECHOS
CONCÉNTRENSE EN TRABAJAR BIEN PARA RESTABLECER LOS ACTIVOS A SUS CONDICIONES ORIGINALES.
ENFÓQUENSE EN LA OBTENCIÓN DE PIEZAS DE REPUESTO DE BUENA CALIDAD Y ESTÉN ATENTOS A LAS FALSIFICACIONES.
EN PRIMER LUGAR SEAN EXIGENTES EN LA ADQUISICIÓN DE BUENOS EQUIPOS CON LA FINALIDAD DE REALIZAR UN TRABAJO DE CALIDAD.

LA SOLUCIÓN A 1%

EL MODELO CIENTÍFICO MUESTRA QUE UNA LLAVE MÉTRICA ES 1 DE CADA 100 UN BUEN TRABAJO CORRECTIVO. "NO SE CONTENTEN SOLO CON REPARARLO! ¡MEJÓRELO!
SEGÚN LEDET, MÁS DEL 1% QUE INUNDA EL SISTEMA DE GESTIÓN DE LA EJECUCIÓN DEL TRABAJO ELIMINARÁ MÁS DEL 54% DE LOS DEFECTOS EN 3 AÑOS Y MÁS DEL 73% EN 6 AÑOS.

LAS ENTREGAS CENTRALES DE LA ELIMINACIÓN DE LOS DEFECTOS:

MENOS DEFECTOS SIGNIFICAN MENOS AVERÍAS, MENOS TRABAJOS DE MANTENIMIENTO, MEJORES PRODUCTOS, UNA MEJOR PRODUCCIÓN, UN MAYOR RENDIMIENTO Y UN LUGAR DE TRABAJO MÁS SEGURO.
LOS DEFECTOS ESTÁN DIRECTAMENTE RELACIONADOS CON LA FIABILIDAD.

HAY MUCHOS LUGARES PARA BUSCAR OPORTUNIDADES PARA LA ED, DE HECHO, EN TODAS PARTES.

* TÍTULO DEL EXCELENTE LIBRO DE WINSTON LEDET SOBRE LA ELIMINACIÓN DE LOS DEFECTOS"

ELLOS VUELVEN A LA MANUFACTURA UNIVERSAL DONDE ESTÁN ANSIOSOS PARA EMPEZAR ...
¡EL ENTUSIASMO ME ESTÁ MATANDO! QUIERO EMPEZAR
¡YO TAMBIÉN! CAMINEMOS Y BUSQUEMOS DEFECTOS.
UN CONCEPTO CLAVE ES MEJORAR LA FIABILIDAD ELIMINANDO LOS DEFECTOS
5 FUENTES DE DEFECTOS
• MATERIAS PRIMAS
• MAL FUNCIONAMIENTO
• MANTENIMIENTO
• PIEZAS DE REPUESTO
• DISEÑO
ENTONCES, ¿QUÉ TE LLAMÓ LA ATENCIÓN SOBRE LOS DEFECTOS AQUÍ? ¡VI MATERIAL POTENCIALMENTE PELIGROSO SIENDO TRATADO CON INDIFERENCIA, Y TAMBIÉN ALGUNAS FUGAS Y DERRAMES!
SÍ, YO TAMBIÉN LOS VI.

LA FUGA DE VAPOR, ENTIENDO,
LA PODEMOS ARREGLAR.

OYE JENNY. VISITEMOS AL GURÚ DE LA ELIMINACIÓN DE LOS DEFECTOS DEL QUE HEMOS OÍDO.
SEAN, QUE BUEN TRABAJO HICISTE ARREGLANDO LA FUGA DEL PURGADOR DE VAPOR. SUPONGO QUE ESO ES 1 MENOS Y FALTA UN MILLÓN DE DEFECTOS POR ELIMINAR. 
LA NATURALEZA DEL UNIVERSO ES IR DEL ORDEN AL DESORDEN. CORREGIR LOS DEFECTOS DEVUELVE EL UNIVERSO AL ORDEN. LA CARRERA ESTÁ GANADA POR LO LENTO Y LA CONSTANCIA. RECUERDA TU 1%.
¿CUÁL ES EL TRATO CON LA PREOCUPACIÓN POR LA ELIMINACIÓN DE LOS DEFECTOS?
EL GURÚ DE LA ELIMINACIÓN DE LOS DEFECTOS ESTÁ AQUÍ

ELIMINAMOS LOS DEFECTOS PARA RESTAURAR EL UNIVERSO. NORMALMENTE, EL UNIVERSO SE ACABA Y SE MUEVE A ESTADOS DE MENOR ENERGÍA. ESTO SE LLAMA ENTROPÍA. LA ELIMINACIÓN DE LOS DEFECTOS NOS LLEVA DE REGRESO A ESTADOS ENERGÉTICOS MÁS ALTOS.
EL GURÚ DE LA ELIMINACIÓN DE LOS DEFECTOS ESTÁ AQUÍ

LA ELIMINACIÓN DE LOS DEFECTOS ES IGUAL QUE LA SEGURIDAD. NO TENEMOS QUE ESTABLECER PRIORIDADES; NO DISCRIMINAMOS, SOLO BUSCAMOS PRIMERO LOS DEFECTOS MÁS SENCILLOS.
1 AVERÍA
10 DEFECTOS MAYORES
100 DEFECTOS MENORES
1000 DEFECTOS OBVIOS
¡LA OTRA COSA QUE BUSCAMOS SON LOS DEFECTOS QUE CONOCEN DE MEMORIA, SU PASIÓN POR LAS REGLAS DE LA ELIMINACIÓN DE LOS DEFECTOS!

CADA ORGANIZACIÓN O EMPRESA CONOCE UN POOL DE DEFECTOS. LA META ES ELIMINAR MÁS DEFECTOS DE LOS QUE SE ESTÁN AGREGANDO.

EL PROYECTO IDEAL DE ELIMINACIÓN DE LOS DEFECTOS TIENE ALGUNOS VALORES COMUNES, PREFIERAN LOS PROYECTOS PEQUEÑOS, ÉSTOS NO REQUIEREN MUCHOS RECURSOS Y OFRECEN RESULTADOS RÁPIDOS.
MI AMIGO BUCKMINSTER FULLER Y YO ESTUVIMOS HABLANDO DE QUE ESTOS PROYECTOS ERAN COMO LAS ALETAS COMPENSADORAS DEL TIMÓN DE UN TRANSATLÁNTICO. NORMALMENTE UN TRANSATLÁNTICO ES DIFÍCIL DE GIRAR. PERO ESTAS PEQUEÑAS ALETAS COMPENSADORAS CAUSAN TURBULENCIAS Y ROMPEN EL FLUJO SUAVE DEL AGUA, LO QUE HACE QUE EL TIMÓN SEA FÁCIL DE GIRAR. ESTOS PROYECTOS DE ED CAUSAN TURBULENCIAS EN LA ORGANIZACIÓN, LO QUE HACE QUE GIRE MÁS FÁCILMENTE.

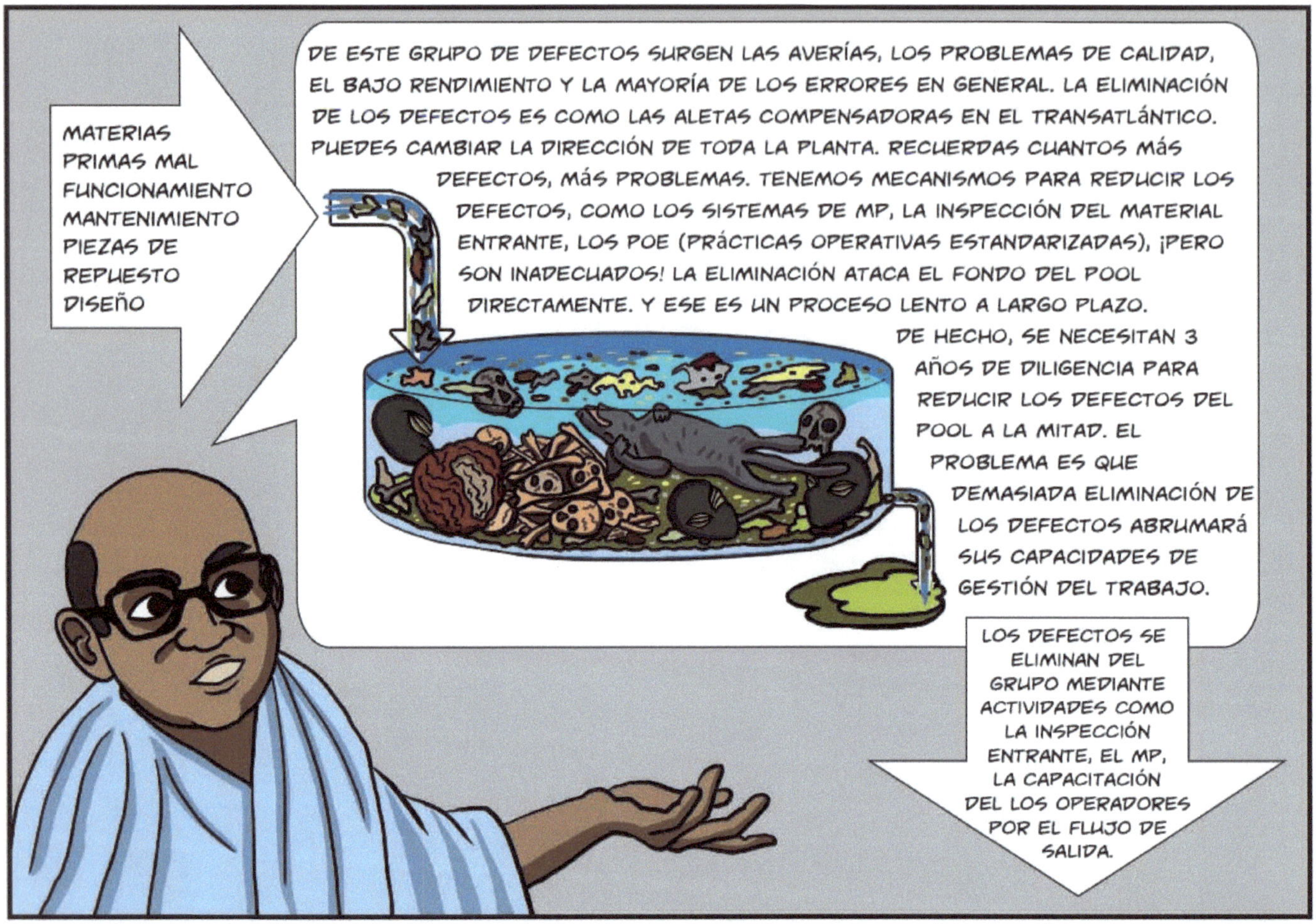

MATERIAS PRIMAS MAL FUNCIONAMIENTO MANTENIMIENTO PIEZAS DE REPUESTO DISEÑO

DE ESTE GRUPO DE DEFECTOS SURGEN LAS AVERÍAS, LOS PROBLEMAS DE CALIDAD, EL BAJO RENDIMIENTO Y LA MAYORÍA DE LOS ERRORES EN GENERAL. LA ELIMINACIÓN DE LOS DEFECTOS ES COMO LAS ALETAS COMPENSADORAS EN EL TRANSATLÁNTICO. PUEDES CAMBIAR LA DIRECCIÓN DE TODA LA PLANTA. RECUERDAS CUANTOS MÁS DEFECTOS, MÁS PROBLEMAS. TENEMOS MECANISMOS PARA REDUCIR LOS DEFECTOS, COMO LOS SISTEMAS DE MP, LA INSPECCIÓN DEL MATERIAL ENTRANTE, LOS POE (PRÁCTICAS OPERATIVAS ESTANDARIZADAS), ¡PERO SON INADECUADOS! LA ELIMINACIÓN ATACA EL FONDO DEL POOL DIRECTAMENTE. Y ESE ES UN PROCESO LENTO A LARGO PLAZO.

DE HECHO, SE NECESITAN 3 AÑOS DE DILIGENCIA PARA REDUCIR LOS DEFECTOS DEL POOL A LA MITAD. EL PROBLEMA ES QUE DEMASIADA ELIMINACIÓN DE LOS DEFECTOS ABRUMARÁ SUS CAPACIDADES DE GESTIÓN DEL TRABAJO.

LOS DEFECTOS SE ELIMINAN DEL GRUPO MEDIANTE ACTIVIDADES COMO LA INSPECCIÓN ENTRANTE, EL MP, LA CAPACITACIÓN DEL LOS OPERADORES POR EL FLUJO DE SALIDA.

REALMENTE APRECIAMOS QUE NOS HAYA VISTO. ESTO FUE GENIAL PARA MI.

UNA ÚLTIMA PREGUNTA. ¿POR QUÉ HACEMOS TODO ESTO? PARECE SER MUCHO TRABAJO EXTRA.

YO TAMBIÉN, MUCHAS GRACIAS.

ELIMINEN LOS DEFECTOS PARA REDUCIR LA CARGA DE TRABAJO.
TRANSFIERAN LA ACCIÓN A LA MISIÓN DE SU ORGANIZACIÓN.
MEJOREN CONCRETAMENTE LA FIABILIDAD.
TRANSFORMEN LA CULTURA.
MEJOREN LAS CONDICIONES.
DIVIÉRTANSE CON ACTIVIDADES INTERESANTES.
PERMITAN QUE LOS LÍDERES SE DESARROLLEN.
APROVECHEN MÁS EL TALENTO DE SUS EMPLEADOS.

ESTOY DE ACUERDO. DEBERÍAMOS EMPEZAR CON LA FRUTA BAJA EN EL ÁRBOL, O SEA LAS COSAS FÁCILES. OLVIDÉMONOS DE LAS GRANDES VICTORIAS Y OPTEMOS POR LAS PEQUEÑAS, FÁCILES Y SIMPLES.
¿QUÉ HAY DE NUESTROS OTROS PROYECTOS? ¿ESTOY PENSANDO EN NUESTROS PROYECTOS DE MEJORA DE LA PRODUCTIVIDAD?
SOLO PASEMOS NUESTROS PROYECTOS EXISTENTES A NUESTRA AVENTURA DE ED. NADA VA A PASAR HASTA QUE NOS ENSUCIEMOS LAS MANOS.

SOLO RECUERDA TOMAR NUESTRA LISTA DE VERIFICACIÓN:
• ALINEAMIENTO PROFUNDO CON LA MISIÓN DE NUESTRA ORGANIZACIÓN.
• LOS PROYECTOS SIEMPRE USAN UN LENGUAJE DE ACCIÓN.
• ELIMINAR LA FUENTE DEL PROBLEMA CUANDO SEA POSIBLE Y REDUCIR EL DESPERDICIO.
• ALTA PROBABILIDAD DE ÉXITO.
• MENOS (NINGÚN) DINERO INVERTIDO.
• HERRAMIENTAS Y MATERIALES FÁCILMENTE DISPONIBLES.
• FACTIBLE EN 90 DÍAS.
• CICLO MÁS CORTO PARA REEMBOLSO.
• CASO ESPECIAL: AUMENTA EL CONOCIMIENTO, UN BUEN PROYECTO PUEDE SER EXITOSO INCLUSO SI TIENE UN RESULTADO NEGATIVO.

¡LOS DEFECTOS ESTÁN OCULTOS A LA VISTA!
CUATRO SESGOS INTERFIEREN CON VER O TRATAR DEFECTOS.

NORMALIZACIÓN DE LA DESVIACIÓN: LA NORMALIZACIÓN DE LA DESVIACIÓN ES CUANDO LAS PERSONAS ACEPTAN REPETIDAMENTE UN ESTÁNDAR DE RENDIMIENTO MÁS BAJO HASTA QUE ESE ESTÁNDAR MÁS BAJO SE CONVIERTE EN LA "NORMA".

ERROR DE ATRIBUCIÓN FUNDAMENTAL: LA ATRIBUCIÓN DE UN PROBLEMA CON LAS CARACTERÍSTICAS Y DEFECTOS DE CARÁCTER DE LOS INDIVIDUOS DENTRO UN SISTEMA; EN LUGAR DEL SISTEMA EN EL QUE SE ENCUENTRAN.

FALACIA DE LA CAUSA ÚNICA: IMPLICA QUE HAY UNA CAUSA, CUANDO EN CAMBIO, PROBABLEMENTE HAYA MUCHAS CAUSAS. INCLUSO LA FRASE "ANÁLISIS DE LA CAUSA RAÍZ" FOMENTA LA IDEA DE QUE HAY UNA CAUSA QUE ES LA RAÍZ DE TODAS.

LA CORRELACIÓN IMPLICA CAUSALIDAD: SI DOS HECHOS ESTÁN CORRELACIONADOS, ¿ESTÁN RELACIONADOS POR CAUSA Y EFECTO? LA CORRELACIÓN PUEDE SER UNA COINCIDENCIA O AMBOS PUEDEN TENER OTRA CAUSA EN COMÚN.

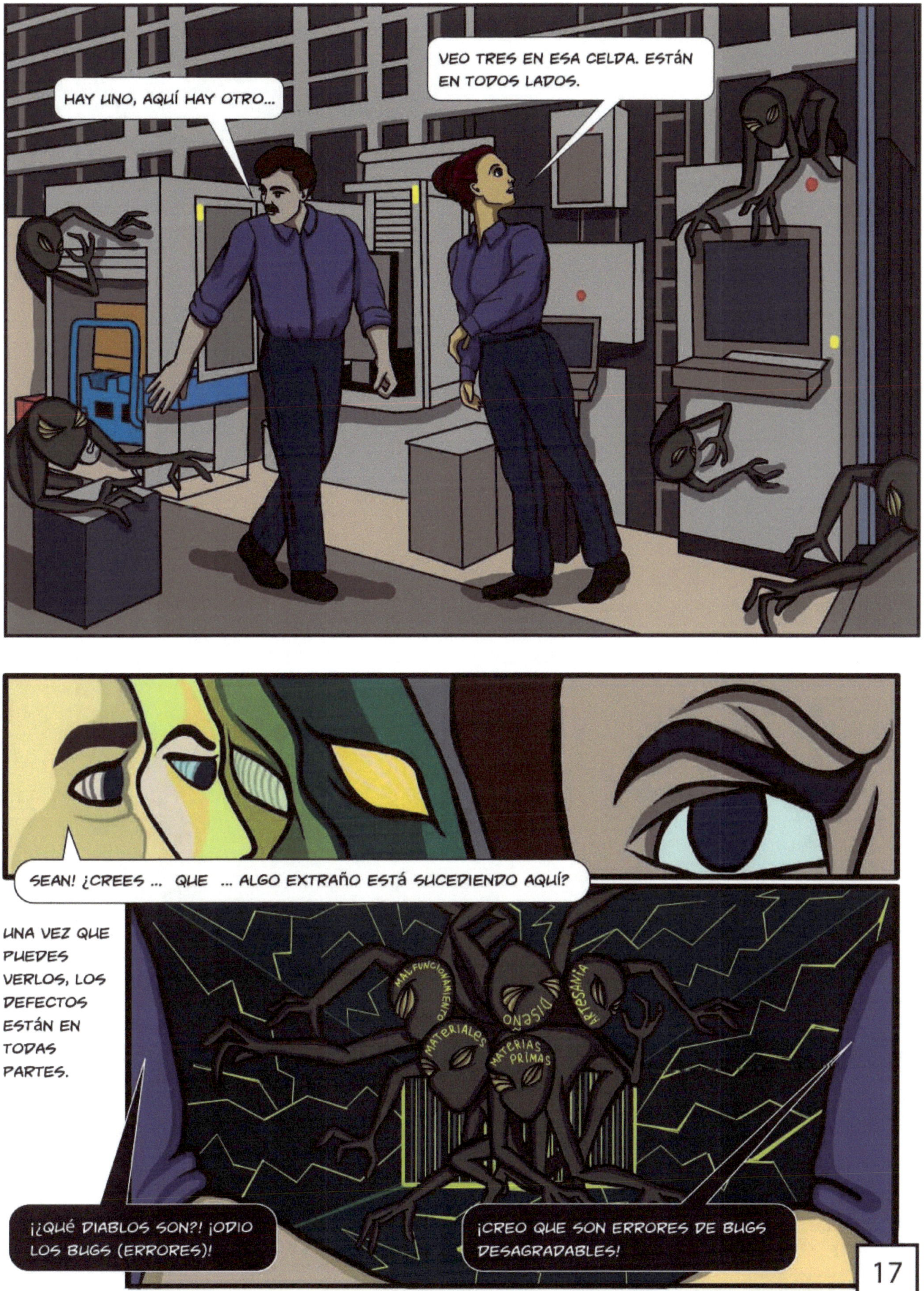

HAY UNO, AQUÍ HAY OTRO...
VEO TRES EN ESA CELDA. ESTÁN EN TODOS LADOS.

SEAN! ¿CREES ... QUE ... ALGO EXTRAÑO ESTÁ SUCEDIENDO AQUÍ?
UNA VEZ QUE PUEDES VERLOS, LOS DEFECTOS ESTÁN EN TODAS PARTES.
MAL FUNCIONAMIENTO
DISEÑO
ARTESANÍA
MATERIALES
MATERIAS PRIMAS
¡¿QUÉ DIABLOS SON?! ¡ODIO LOS BUGS (ERRORES)!
¡CREO QUE SON ERRORES DE BUGS DESAGRADABLES!

¡COMO EL QUESO Y LAS GALLETAS JENNY! ¡TODOS LOS DEFECTOS NO OCURREN AL MISMO TIEMPO!
DISEÑO
MAL FUNCIONAMIENTO
MATERIAS PRIMAS

¿QUÉ ESTA PASANDO AQUÍ?
¡MI BOLÍGRAFO SE HA TRANSFORMADO EN UNA PODEROSA ESPADA!
EN CASO DE DUDA, ELIMINE LOS DEFECTOS. 
En caso de duda, elimine los defectos.
En caso de duda, elimine los defectos.

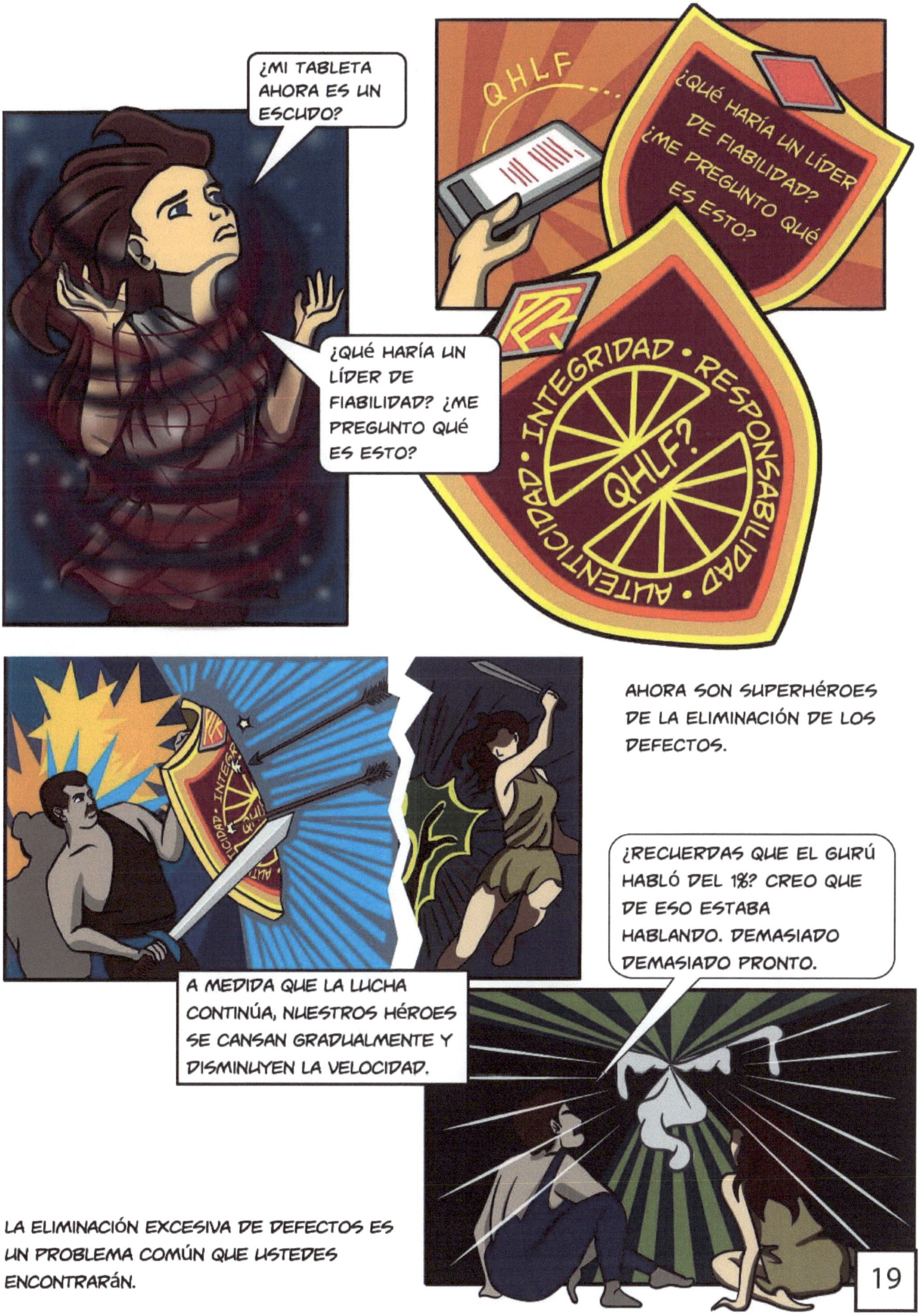

AHORA SON SUPERHÉROES DE LA ELIMINACIÓN DE LOS DEFECTOS.

A MEDIDA QUE LA LUCHA CONTINÚA, NUESTROS HÉROES SE CANSAN GRADUALMENTE Y DISMINUYEN LA VELOCIDAD.

LA ELIMINACIÓN EXCESIVA DE DEFECTOS ES UN PROBLEMA COMÚN QUE USTEDES ENCONTRARÁN.

RETROCEDE, RETROCEDE, SEAN. TENEMOS QUE SALIR DE AQUÍ.
AUTHENTICIDAD · INTEGR
QHI

MIRE EL LADO POSITIVO, LA FUGA DEL PURGADOR DE VAPOR Y LA CONTAMINACIÓN POR LOS LUBRICANTES ESTÁN MÁS O MENOS PERMANENTEMENTE REPARADAS. VAMOS A ESCRIBIRLO Y HABLAR CON MAX.
ESA GIRA FUE BASTANTE INTENSA.
UNO DE LOS ASPECTOS IMPORTANTES ES QUE UNA VEZ QUE LOS DEFECTOS DESAPARECEN, EN SU MAYOR PARTE, SON POR MUCHO TIEMPO. EL BENEFICIO PERMANECE.

PIENSO QUE DEBERÍAMOS ENTRAR EN EL TALLER DE MANTENIMIENTO.
LO HICISTE GENIAL. ESTOS SON EXACTAMENTE LOS TIPOS DE DEFECTOS QUE QUEREMOS ELIMINAR. ¿ALGUNA IDEA DE A DÓNDE IRÁS DESDE AQUÍ?

JENNY, ESA ES UNA GRAN IDEA. VAMOS A CONCENTRARNOS EN DIYF.
LOS LLAMAMOS DIYF: DEFECTOS QUE ESTÁN FRENTE A TI.
ESTOS SON FÁCILES DE VER. SI USTEDES EXPANDEN SU EQUIPO A OPERADORES Y TÉCNICOS DE MANTENIMIENTO. ESTOS SON DEFECTOS:
TE TROPIEZAS
TE ENSUCIAS CUANDO LOS TOCAS
SON HORRIBLES
ESCONDE LO QUE ESTÁS BUSCANDO
DEBES LIMPIAR DESPUÉS
SON DERROCHADORES EN TU CARA!

HEY ESCUCHEN ¡ÉSTO ES IMPORTANTE!
ELLOS NO ESTÁN ESCUCHANDO.
PIENSO QUE NO DEBEMOS TOMAR DE MANERA PERSONAL LA RESIGNACIÓN Y EL CINISMO DE LA GENTE.
PERO HAY UNA CORRIENTE SUBTERRÁNEA QUE PARECE ENGANCHARME. ESTÁBAMOS MUY BIEN, ENTONCES - ¡SLAM!

UNA GRIETA COMIENZA A ABRIRSE BAJO SUS PIES ...

ELLOS ESTÁN DE VUELTA, PERO UNA RECIENTE FALLA SE CIERNE SOBRE ELLOS.

MIENTRAS LOS HÉROES SE DESLIZAN HACIA EL VALLE DE LA DESESPERACIÓN ...

TODO LÍDER EN CONFIABILIDAD SE ENFRENTA A LA DESESPERACIÓN. ESPEREN ÉSTO, ESTÉN PREPARADOS.

PROTEGIENDO EL INFRAMUNDO ESTÁN LOS PERROS CON CUERNOS FEROCES.
UNO SE LLAMA PASADO – ÉSTE ES EL PROGRAMA QUE PROBASTE Y QUE NO FUNCIONÓ, EL OTRO
SE LLAMA FUTURO – SE PARECE EXACTAMENTE A LAS FALLAS DEL PASADO. NO HAY POSIBILIDAD
EN EL FUTURO POR AQUÍ.

EN EL PASADO SE PROBARON ALGUNAS SOLUCIONES POTENCIALES Y NO FUNCIONARON. ALGUNOS
VIVEN COMO SI ESTUVIESEN EN EL FUTURO PERO PERMANECEN EN EL PASADO Y LAS SOLUCIONES
NO FUNCIONARÁN JAMÁS (AÚN CUANDO LAS CONDICIONES CAMBIEN).

DESPUÉS DE CRUZAR A LOS PERROS, EL BARQUERO OSCURO LOS LLEVA
A TRAVÉS DEL RÍO DE LA RESIGNACIÓN Y AL CINISMO ...

TU PRIMERA GRAN BATALLA ES
SUPERAR LA RESIGNACIÓN Y EL CINISMO
EN TI Y DESPUÉS EN LOS DEMÁS.

HAY MUCHAS OPCIONES EN EL CAMINO. ALGUNAS PERSONAS ELIGEN QUEDARSE EN EL RÍO DE LA RESIGNACIÓN Y EL CINISMO.

MI NOMBRE ES APÓCRIFA. TOMEN LA IZQUIERDA, MIS AMIGOS.
NO, VAN A MORIR, ASÍ QUE TOMA A LA DERECHA.
LOS LÍDERES NO AUTÉNTICOS DIRÁN QUE LES VAN A APOYAR Y LUEGO NO VAN A HACER NADA. ALGUNOS LUCHARÁN CONTRA USTEDES A SUS ESPALDAS. NECESITAN UN PATROCINADOR EJECUTIVO A SU LADO Y EN ACCIÓN.

NO TENGO IDEA DE DÓNDE IR DESDE AQUÍ.
YO TAMPOCO. ¿LANZA UNA MONEDA?
LA PÉRDIDA DE UN SENTIDO DE DIRECCIÓN ES COMÚN.

ELLOS VEN UN FARO EN LA DISTANCIA.
SU PATROCINADOR EJECUTIVO ESTÁ ALLÍ SI SE ENCUENTRA CON UNA RESISTENCIA INDEBIDA, SE PIERDE O SE SIENTE SIN PODER.

LOS PATROCINADORES EJECUTIVOS OCUPAN UN LUGAR DESTACADO EN LA CADENA ALIMENTARIA Y ESTÁN INTERESADOS EN EL RESULTADO DE SU TRABAJO DE ELIMINACIÓN DE LOS DEFECTOS. TRABAJAN DETRÁS DE ESCENA PARA AYUDAR A ESTABLECER LA DIRECCIÓN, MANEJAR EMPLEADOS RECALCITRANTES Y OBTENER RECURSOS. TAMBIÉN PUEDEN PROPORCIONAR ENTRENAMIENTO E INCLUSO UN HOMBRO PARA APOYARSE.

LA COMPLACENCIA ES LA PRIMA HERMANA DE LA RENUNCIA. ES UN LUGAR MUY ATRACTIVO PARA QUEDARSE. DURANTE ESTE VIAJE, SE LES PEDIRÁ QUE ABANDONEN SU ZONA DE CONFORT.

LOS ENLACES QUE LO MANTIENEN EN SU LUGAR SON COMO DOCENAS DE CADENAS DELGADAS Y TRANSPARENTES. CADA ENLACE ES DÉBIL PERO JUNTOS SON FUERTES. LAS CADENAS VIVEN EN SU MENTE.

NUESTROS HÉROES REGRESAN AL RÍO DE LA RESIGNACIÓN Y DEL CINISMO. PARECE INTERMINABLE. COMIENZAN A OLVIDAR DESDE DÓNDE PARTIERON. EMPEZARON CON FALLAS Y AHORA SOLO LUCHAN POR SOBREVIVIR.

EL TIEMPO HA PASADO PARA LOS HÉROES.
CREO QUE HEMOS HECHO ALGO BUENO.
SABES, IRÍA MÁS RÁPIDO SI TUVIÉRAMOS UN EQUIPO MÁS GRANDE.
PENSÉ QUE IRÍA MÁS RÁPIDO.
ESTOY DE ACUERDO PERO HAGAMOS CRECER EL EQUIPO LENTAMENTE.
ESTA VEZ ELLOS VUELVEN AL TRABAJO CON UN COMPROMISO RENOVADO.

TALIA Y RODERIGO, BIENVENIDOS AL EQUIPO DE ELIMINACIÓN DE LOS DEFECTOS. SOY JENNY Y ÉSTE ES SEAN.

29

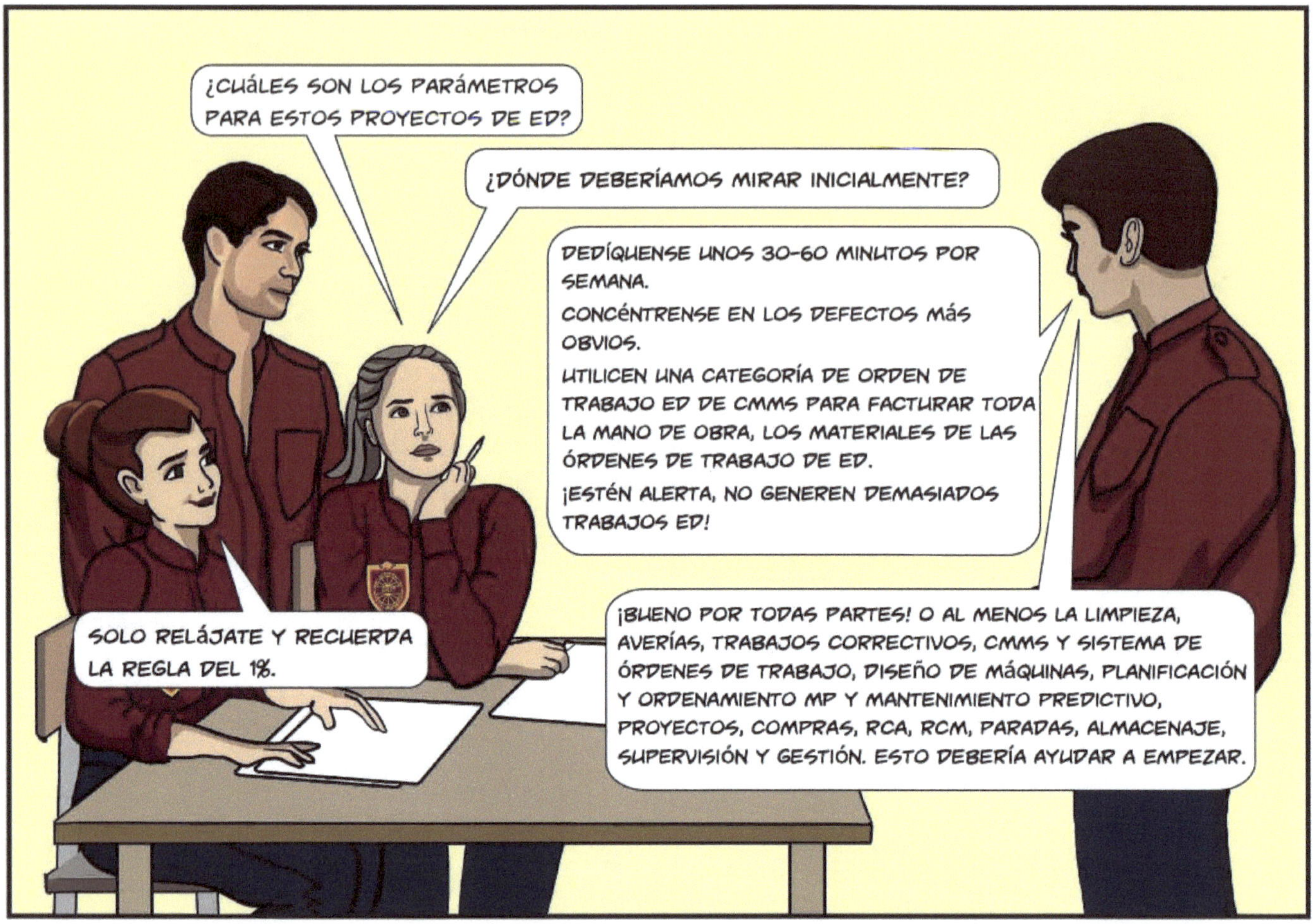

¿CUÁLES SON LOS PARÁMETROS PARA ESTOS PROYECTOS DE ED?
¿DÓNDE DEBERÍAMOS MIRAR INICIALMENTE?
DEDÍQUENSE UNOS 30-60 MINUTOS POR SEMANA.
CONCÉNTRENSE EN LOS DEFECTOS MÁS OBVIOS.
UTILICEN UNA CATEGORÍA DE ORDEN DE TRABAJO ED DE CMMS PARA FACTURAR TODA LA MANO DE OBRA, LOS MATERIALES DE LAS ÓRDENES DE TRABAJO DE ED.
¡ESTÉN ALERTA, NO GENEREN DEMASIADOS TRABAJOS ED!
SOLO RELÁJATE Y RECUERDA LA REGLA DEL 1%.
¡BUENO POR TODAS PARTES! O AL MENOS LA LIMPIEZA, AVERÍAS, TRABAJOS CORRECTIVOS, CMMS Y SISTEMA DE ÓRDENES DE TRABAJO, DISEÑO DE MÁQUINAS, PLANIFICACIÓN Y ORDENAMIENTO MP Y MANTENIMIENTO PREDICTIVO, PROYECTOS, COMPRAS, RCA, RCM, PARADAS, ALMACENAJE, SUPERVISIÓN Y GESTIÓN. ESTO DEBERÍA AYUDAR A EMPEZAR.

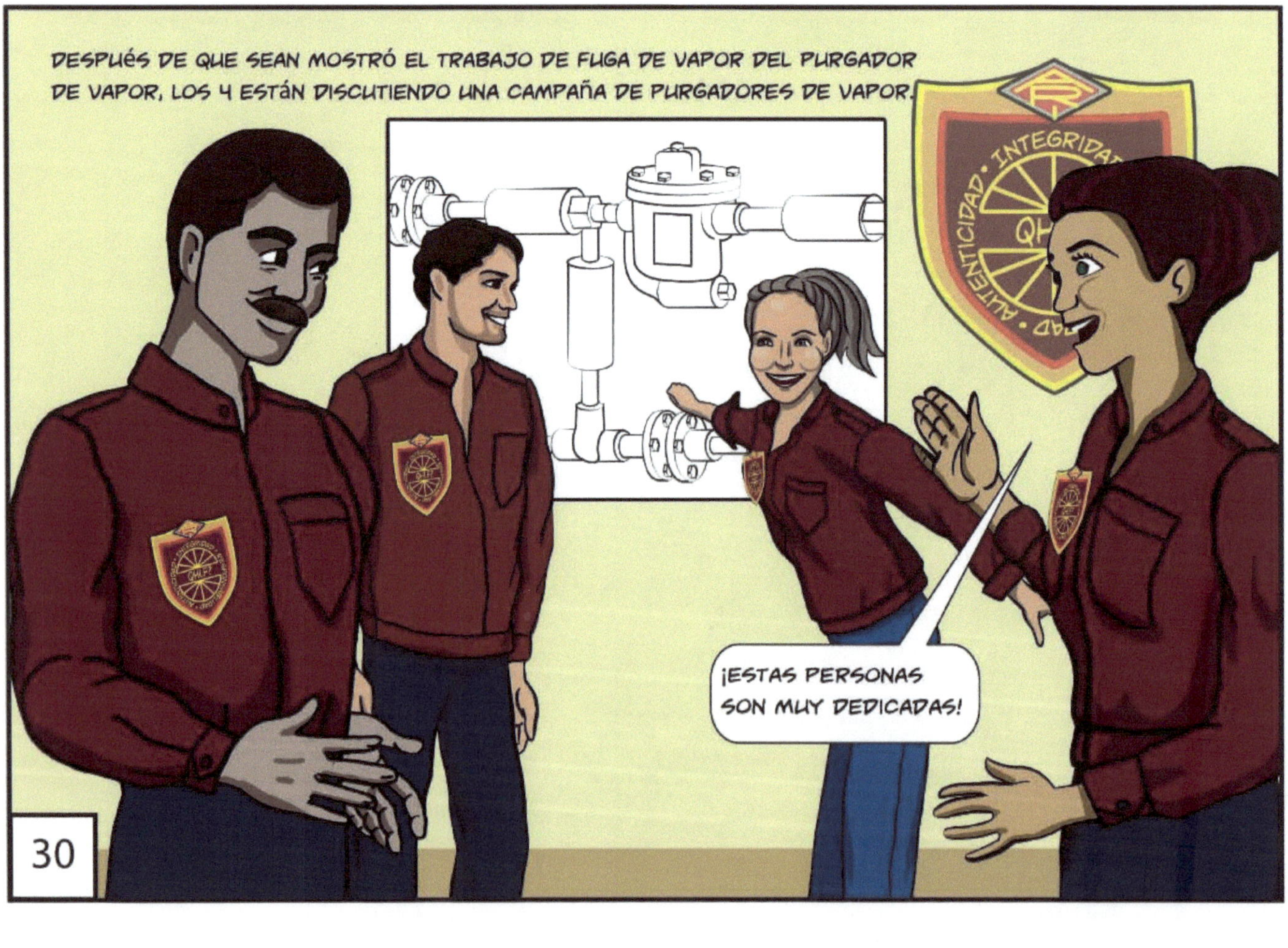

DESPUÉS DE QUE SEAN MOSTRÓ EL TRABAJO DE FUGA DE VAPOR DEL PURGADOR DE VAPOR, LOS 4 ESTÁN DISCUTIENDO UNA CAMPAÑA DE PURGADORES DE VAPOR.
¡ESTAS PERSONAS SON MUY DEDICADAS!

EL EQUIPO SE ENCARGA DE VARIAS FALLAS MENORES Y LLEGA A BUENOS RESULTADOS.

5S* ES SIEMPRE UN GRAN PROYECTO CON TODO TIPO DE MOTIVACIONES. TAMBIÉN SE OCUPA DE UN MONTÓN DE DEFECTOS.

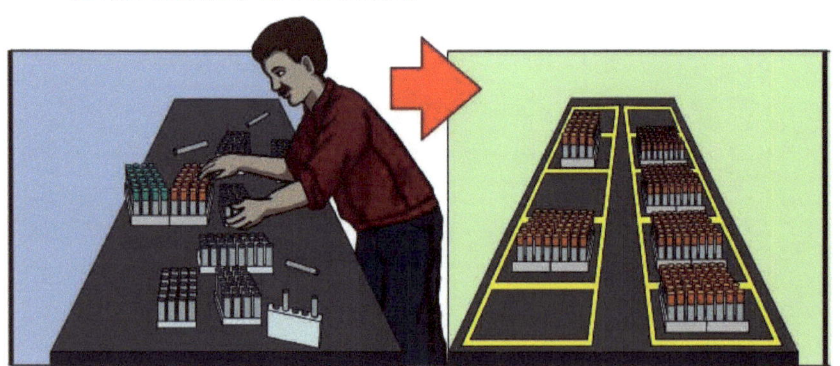

5S - DEL INGLÉS PARA ORDENAR, PONER EN ORDEN, BRILLAR, ESTANDARIZAR, MANTENER.
TODO EL EQUIPO DE LA ED VINO A AYUDAR A LOS TÉCNICOS DEL LABORATORIO 5S EN EL ÁREA DEL LABORATORIO.

EL PROYECTO TUVO LUGAR Y FUE MUY DIVERTIDO. TODOS ESTUVIERON DE ACUERDO EN QUE EL LUGAR SE VEÍA INCREÍBLE. ERA MÁS FÁCIL TRABAJAR Y LA GENTE SE SENTÍA MEJOR CONSIGO MISMA, CON EL TRABAJO E INCLUSO CON TODA LA EMPRESA.

*SORT, SET-IN ORDER, SHINE, STANDARDIZE, SUSTAIN

ANTE LA FURIA DE LA RESISTENCIA, NUESTROS HÉROES SE HAN SUMERGIDO NUEVAMENTE EN EL RÍO DE LA RESIGNACIÓN Y EL CINISMO. ES UN LUGAR DONDE PUEDES PERDERTE Y OLVIDARTE POR LO QUE ESTÁS LUCHANDO. ESTÁN EMPEZANDO A OLVIDAR SUS VICTORIAS. AHORA, UNA VEZ MÁS, LUCHAN SOLO POR SOBREVIVIR, PERO ESTA VEZ HAY UNA SOMBRA DE RECORDAR.

EL EQUIPO ASUME MUCHOS OTROS PROYECTOS Y ENFRENTA ALGUNAS RESISTENCIAS ANTIGUAS Y NUEVAS.

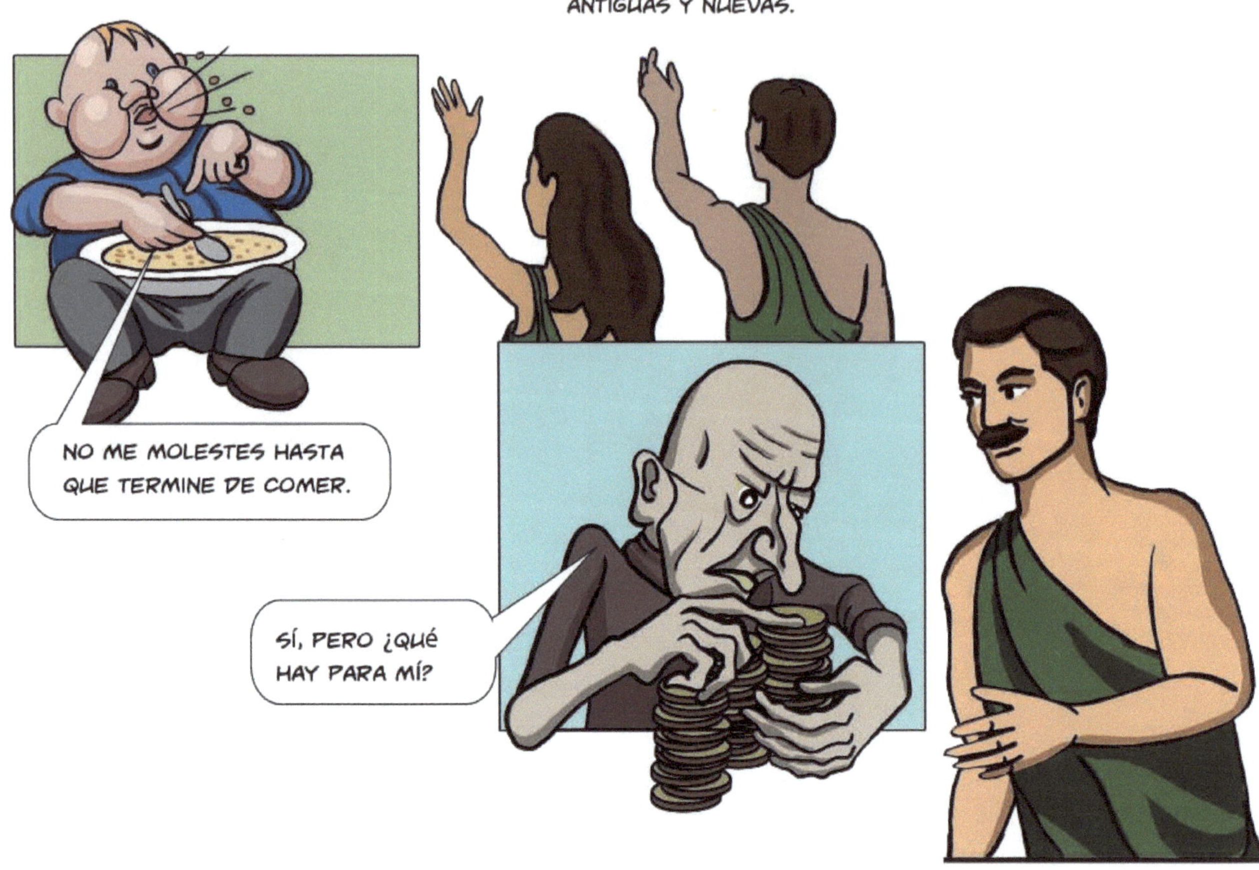

MÁS PROYECTOS Y ALGUNAS NUEVAS RESISTENCIAS. PARECEN ESTAR MEJORANDO EN LOS PROYECTOS Y TODAVÍA SE SIENTEN SACUDIDOS POR LA RESISTENCIA.

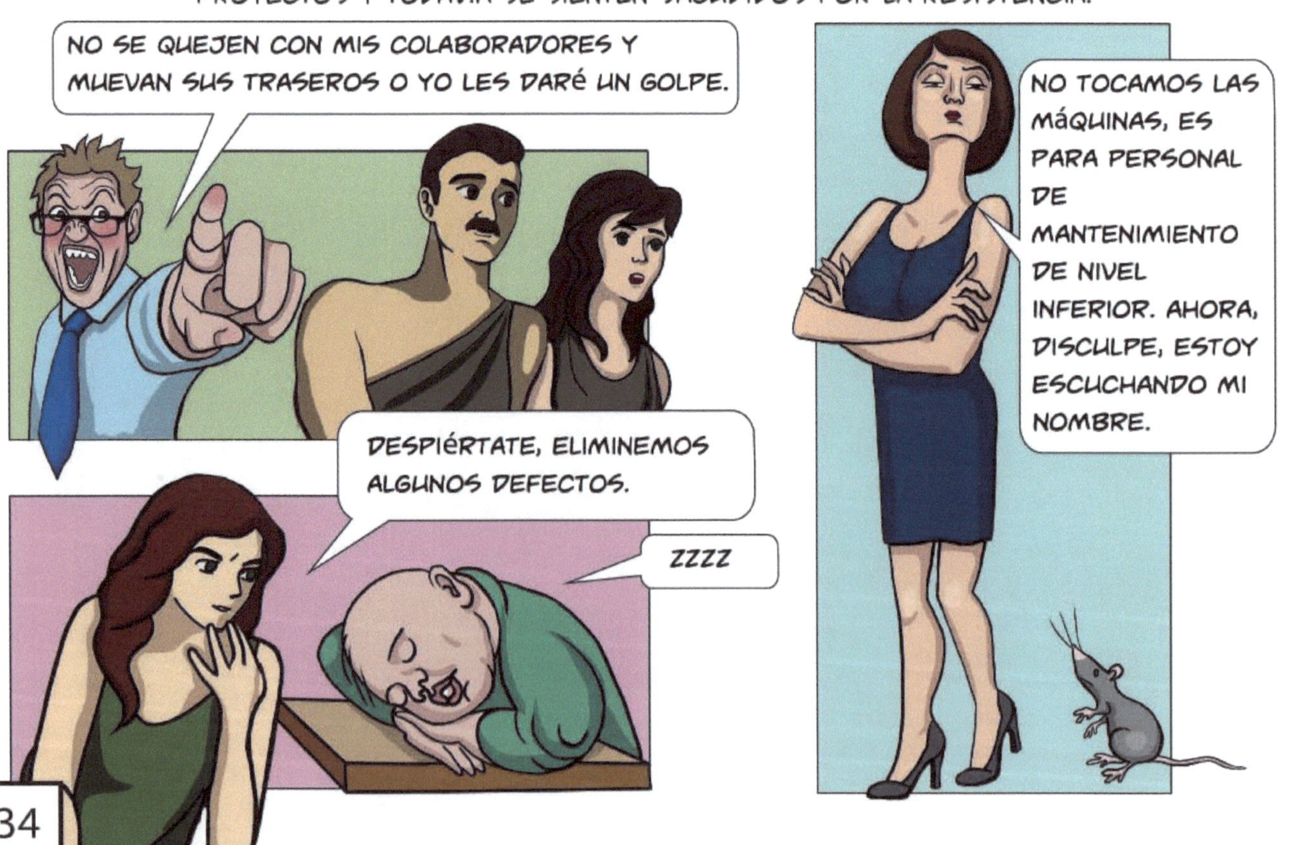

RESISTENCIA O COOPERACIÓN, FRACASO O ÉXITO; FALLAS PORQUE CUANDO ACTÚAS, TE ACERCAS A LOS OBJETIVOS DE ELIMINAR FALLAS.

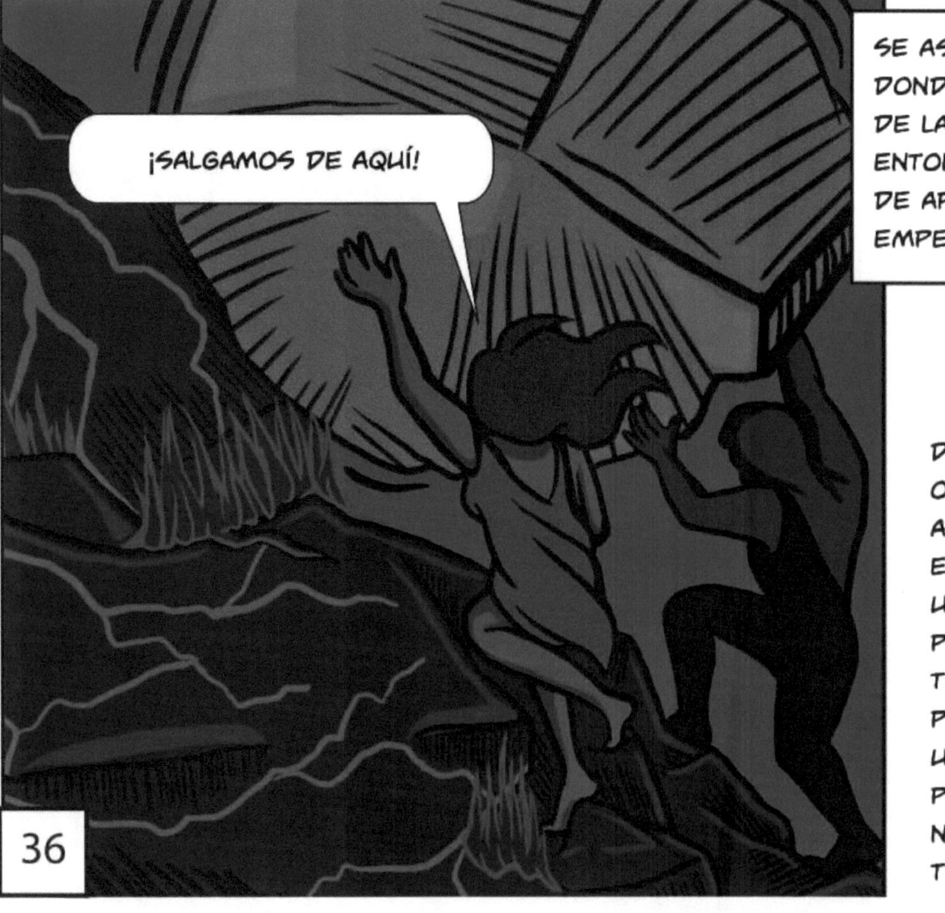

SON CONDUCIDOS A LA CATEDRAL DEL OLVIDO DONDE PERSISTEN INICIATIVAS FALLIDAS, UNIDAS A UN PEDACITO DE VIDA ...
CADA ORGANIZACIÓN TIENE UN LEGADO DE INICIATIVAS FALLIDAS. ¿SIGUEN AGARRADAS A LA VIDA? ¿NECESITAN SER SACADAS DE LA EXISTENCIA?
¡SALGAMOS DE AQUÍ!
SE ASIGNAN A LA ROCA SIE DONDE SE EMPUJA A TRAVÉS DE LA INSTALACIÓN DE UN SIE. ENTONCES LA GERENCIA DEJA DE APOYARLO Y TIENEN QUE EMPEZAR DE NUEVO ... SIEMPRE
DEBEMOS TENER UN OBJETIVO CONSTANTE. AFORTUNADAMENTE, ELIMINAR DEFECTOS ES UNA MEJORA QUE PERMANECE Y POR LO TANTO, EL PROGRAMA PUEDE SER AUTÓNOMO. ES UN PROCESO SIN FIN PORQUE SIEMPRE HABRÁN NUEVOS DEFECTOS PARA TRATAR EN EL SISTEMA.

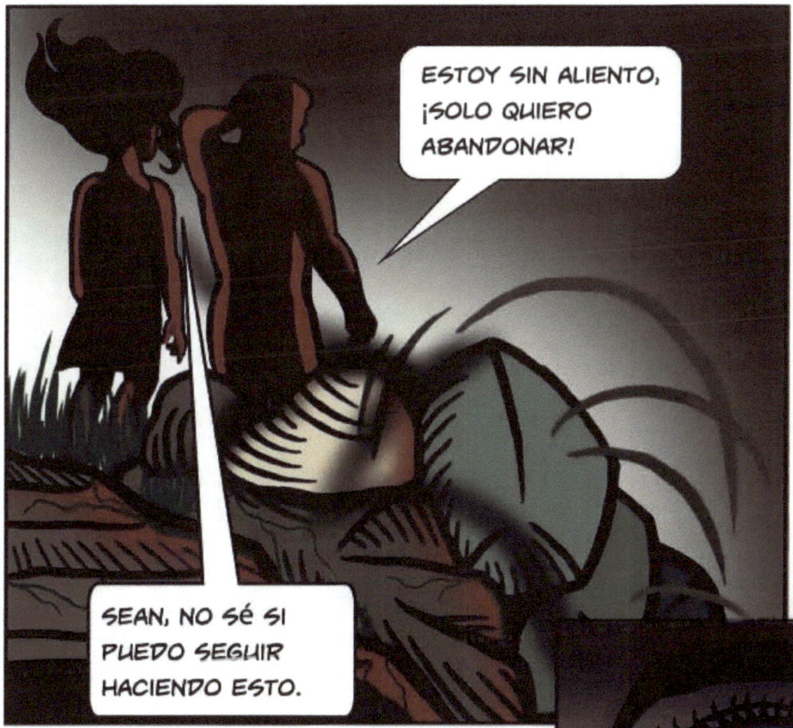

CUANDO LLEGUEN A SU ÚLTIMO RECURSO Y QUIERAN ABANDONAR, SOLO RECUERDEN SU CAPACITACIÓN.

HAN CREADO LA OPORTUNIDAD DE SER UN LÍDER DE FIABILIDAD.

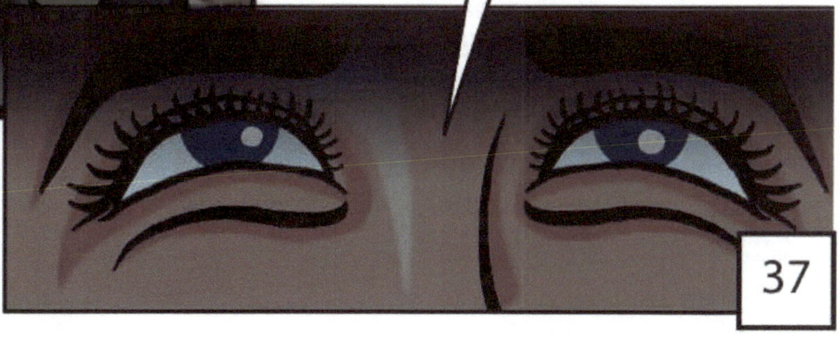

¡SE LLAMA EL AGOTAMIENTO DE LA FIABILIDAD! LOS DEFECTOS SON COMO EL POSTRE. UNA PEQUEÑA PORCIÓN ES PERFECTA.

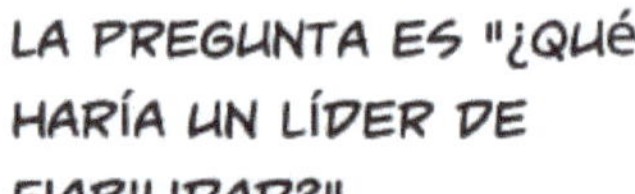

¿CONFUSO? ¿PREGÚNTATE QUÉ HARÍA UN LÍDER DE FIABILIDAD? SI TIENES DUDAS SOBRE QUÉ HACER, SIMPLEMENTE VE Y ARREGLA ALGUNOS DEFECTOS. ESTO AYUDARÁ A PONER TU MENTE EN ORDEN.

SU VIAJE DE LA FIABILIDAD TENDRÁ PICOS DONDE NO PODRÁ HACER DAÑO Y VALLES DONDE TODO SALDRÁ MAL.

DISFRUTEN DEL RECORRIDO TANTO COMO PUEDAN.

AHORA CUANDO REGRESEN, HABRÁ ALGO DIFERENTE.

SE SIENTE BIEN PATEAR EL TRASERO DE UN ABUG ... (¡CON MODERACIÓN!)

LOS ESTUDIOS DE WINSTON LEDET DEMUESTRAN QUE EL 1% GASTADO EN ELIMINAR LOS DEFECTOS ELIMINARÁ LA MITAD DE LOS DEFECTOS EN 3 AÑOS. SI HACES MÁS DEL 1% CORRES EL RIESGO DE AGOTARSE.

LOS HÉROES AHORA SE DAN CUENTA DE QUE SUS ACCIONES CONTINÚAN REDUCIENDO LA PROFUNDIDAD DEL POOL DE DEFECTOS. DESPUÉS DE 6 AÑOS, ÉSTE SE REDUJO AL 73%.
LOS HÉROES SIGUEN LUCHANDO.

INTEGRIDAD
AUTENTICIDAD
RESPONSABILIDAD
QHLF?
ALGUNOS PROYECTOS SERÁN PEQUEÑAS VICTORIAS, OTROS SERÁN GRANDES VICTORIAS Y OTROS NO PODRÁN ALCANZAR LOS OBJETIVOS. NINGÚN PROYECTO ES UN FRACASO SI SE ADQUIERE CONOCIMIENTO.
ED

ESO NOS HA AYUDADO MUCHO DE MUCHAS MANERAS ...
NUESTROS HÉROES HAN PASADO POR MUCHAS TORMENTAS Y AHORA SON MAYORES.
CHICOS, ESO FUE HACE MUCHO TIEMPO.

SOMOS VIEJOS AHORA. PRONTO LES TOCARÁ EL TURNO DE PONERSE EN LOS ZAPATOS DE NUESTRO HÉROES. RECUERDEN, CADA LÍDER DE FIABILIDAD OCASIONALMENTE PERDERÁ EL RUMBO. EN UN MOMENTO U OTRO TODOS NOS HUNDIMOS EN EL VALLE DE LA DESESPERACIÓN. DOS COSAS LO AYUDARÁN: PREGUNTEN ¿QUÉ HARÍA UN LÍDER DE FIABILIDAD? ENTONCES, EN CASO DE DUDA; ¡ELIMINEN ALGUNOS DEFECTOS!
FIN.

SOBRE EL AUTOR

JOEL LEVITT CMRP, CRL, CPMM, PROFESIONAL CERTIFICADO EN GESTIÓN DE CAMBIO Y ES EL PRESIDENTE DE SPRINGFIELD RESOURCES.

Anteriormente, fue Director de Proyectos Internacionales para Ingeniería del Ciclo de Vida y Director de Proyectos de Fiabilidad para Reliabilityweb.com. El Sr. Levitt es uno de los principales líderes de capacitación para los profesionales de mantenimiento. Entrenó a más de 17.000 gerentes de mantenimiento de 3.000 organizaciones en 39 países con más de 500 sesiones.

Es un frecuente orador en conferencias de mantenimiento e ingeniería y ha escrito 12 textos populares sobre la gestión del mantenimiento y publicado más de 200 artículos sobre el tema.

En el pasado, el Sr. Levitt ha servido en el Consejo de Seguridad de ANSI, Small Business United, el Consejo Nacional de Empresas Familiares y el comité ejecutivo de la Escuela Miquon. Actualmente es miembro de la AFE y vicepresidente del capítulo de Filadelfia.

LOS LIBROS DE JOEL LEVITT DISPONIBLES EN AMAZON.COM

Conversations in Maintenance.
Handbook of Maintenance Management.
Facilities Management - Maintenance of Buildings and Facilities.
Basics of Fleet Maintenance.
Managing Factory Maintenance.
Surviving the Spare Parts Crisis.
TPM Reloaded.
Maintenance Planning, Scheduling, and Coordination (with Don Nyman).
Lean Maintenance.
The Complete Handbook of Preventive and Predictive Maintenance.
Managing Maintenance Shutdowns and Outages.
The Internet for Maintenance Professionals.

LIBROS DE INTERÉS GENERAL.

10 Minutes a Week to Great Meetings.

10 Minutes a Week for Great Time Management.

Sibling Revelry (con Joann Levitt y Marjory Levitt).

¿QUÉ QUIERES LLEVAR A CABO?

ALINEAMIENTO PROFUNDO CON LA MISIÓN DE NUESTRA ORGANIZACIÓN.	
LOS PROYECTOS SIEMPRE USAN LENGUAJE DE ACCIÓN.	
ELIMINAR LA FUENTE DEL PROBLEMA CUANDO SEA POSIBLE Y REDUCIR EL DESPERDICIO.	
ALTA PROBABILIDAD DE ÉXITO.	
MENOS (O NINGÚN) DINERO INVERTIDO.	
HERRAMIENTAS Y MATERIALES FÁCILMENTE DISPONIBLES.	
FACTIBLE DENTRO DE 90 DÍAS.	
CICLO MÁS CORTO PARA REEMBOLSO.	
CASO ESPECIAL: AUMENTA EL CONOCIMIENTO, UN BUEN PROYECTO PUEDE SER EXITOSO INCLUSO SI TIENE UN RESULTADO NEGATIVO.	

REALIZAR PROYECTOS DE ELIMINACIÓN DE LOS DEFECTOS

Los proyectos de reparación de defectos son divertidos. Aprendes cosas y aprendes nuevas habilidades. Ahorr dinero, tiempo de inactividad y mejoran la calidad de sus productos. Solo recuerda algunas cosas. En las acción ED, busque proyectos de frutas en la parte inferior del árbol y que tengan una alta probabilidad de é Busque cosas que sean de bajo costo, fáciles y rápidas de hacer. Desarrolle y promueva sus éxitos. Conviértase líderes de su organización y reclute personas de ideas afines.

PROCESO:

Tenga una idea, mire a su alrededor.

Investigue un poco pero no demasiado!

Adelántese a todos los pasos que pueda imaginar. Tome fotos para su álbum ED.

Tome medidas, registre lo que sucedió.

Anote lo sucedido y tome medidas nuevamente junto con otras fotos.

Realice entrenamientos sobre la eliminación de defectos.

Ofrecemos capacitación sobre resolución de problemas en línea y en el sitio. Repasamos los motivos, las técnicas y la búsqueda. Las sesiones introductorias son de una hora en línea y se pueden programar en cualquier momento para cualquier turno. La capacitación en el sitio puede durar 1 o 2 días e incluye tiempo para identificar y (en algunos casos) llevar a cabo proyectos DIYF (Defectos en su cara) con evaluación y debates. El autor también lleva a cabo sesiones de entrenamiento durante un despliegue de eliminación de los defectos.

MANTENTE EN CONTACTO CON EL AUTOR.

Realmente quiero saber acerca de sus planes de eliminación de fallas. Escríbalos de una manera que cuente su historia y asegúrese de incluir fotografías. Además, dígame si puedo compartir sus proyectos con mis lectores con o sin su nombre y su organización. Me pueden contactar en JDL@Maintrainer.com. También puedes contactarme a través de LinkedIn y www.

MaintenanceTraining.com. Gracias Joel Levitt.